好姑娘下厨房

有 爱 的 厨 房 · 有 趣 的 料 理

郭婧 著

U0247687

CNS K 湖南科学技术出版社

桃子姑娘的故事

THE STORY OF MISS TAO

大学毕业后我来到北京，不分昼夜做了三年品牌设计，后来每次走到街上买东西，都会碰到自己做的设计产品。时间久了，我开始想："能不能把创意和我的兴趣结合到一起？"于是开始抱着好玩的心态，在周末或假日请朋友来我家吃我做的料理，并把做法拍摄下来上传到网络上。

我觉得做料理就像创作，每个人的想法都不一样，是一件非常有趣的事。所以我也不拘于传统，在注重料理食材和美感的基础上，融入想象力，配合简单易懂的步骤，这样，相信就算你不常做料理也能一秒变大厨。

一直以来，我通过网络和其他许多同样热爱美食的朋友相互交流，如今能将自己想说的话，做过的创意料理，以书的形式跟大家分享，也是一开始没有想过的事。这一路要感谢的人实在太多。为了不辜负大家的支持和鼓励，衷心希望我的这本书，可以帮助所有喜爱美食和料理的朋友们，能更轻松愉快地做出幸福快乐的料理。

美食带给人们的幸福与美好不仅仅是果腹。开心的时候想吃，烦恼和生气的时候也可以靠吃来治愈不快。对我来说，除了自己吃，分享我所做的创意料理成了生活中最重要的乐趣。

我有一个吃遍全球的梦想
任你出自山川湖海，海角天涯
一个厨房，一套餐具，一双巧手
还有一个所爱的人
就是起航的船票
跟我一起开始探索食物的秘密

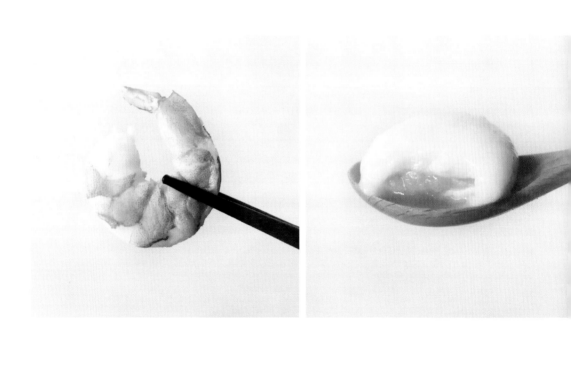

CONTENTS 目录

秋的时光滋味

冬的暖胃暖心

春的秘密花园

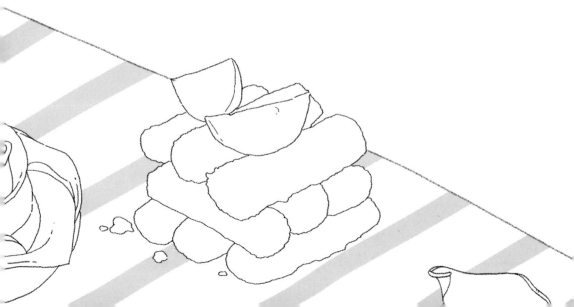

温暖春日下午茶

饼状的外形,口感却像蛋糕一样松软

用平底锅煎成的松饼,当早餐、零食、下午茶都不错

若想吃得更精致些,如我,松饼顶着黄油,淋上蜂糖,围以莓果

微酸甜香,让你吃进盎然春意

扫一扫，看教程

莓果松饼

温暖春日下午茶

INGREDIENTS 材料

—

低筋面粉	100克	牛奶	70克
白砂糖	5克	鸡蛋	1个
泡打粉	5克	蓝莓&草莓	若干
黄油	20克	枫糖浆或蜂蜜	适量

COOKING STEPS 步骤

—

① 从冰箱中取出黄油放入碗中,将此碗
放入热水中隔水加热至黄油融化。

② 将融化的黄油、鸡蛋、牛奶一同加入
碗中,用打蛋器搅拌均匀。

③ 将泡打粉、低筋面粉、白砂糖混合过筛
后加入搅拌均匀的液体中,再用刮刀先
小圈慢速拌匀至无干粉剩下,再大圈大
力搅拌6下左右。

④ 小火慢煎1分钟左右等出现大泡泡时迅
速翻面,再煎半分钟左右(注意防止时
间过长而烧煳)。

⑤ 配上时令水果(如蓝莓、草莓),再
淋上枫糖浆或蜂蜜,莓果松饼就大功
告成啦。

小贴士

• 在第3步中加入粉类搅拌时不要搅拌过度,拌好
的混合物稍有结块也没关系。

• 想要煎出颜色较浅的松饼,要用小火烤。

• 枫糖浆可以用蜂蜜或巧克力酱代替。

• 做下一个的时候一定要把煎锅放在湿抹布上降
温一会,不然煎下一个时很容易烤煳。

扫一扫，看教程

苹果薄脆

啵脆无比小零食

INGREDIENTS 材料

—

苹果	1个
柠檬	1个
清水	适量

COOKING STEPS 步骤

—

① 将新鲜柠檬切开,挤出柠檬汁备用。
   将苹果洗干净,切成4块(不用去
   皮),去掉果核。

② 将4块苹果再切成很薄很薄的片,尽量
   切薄一点。

③ 在清水里放入1大勺柠檬汁搅拌均匀,
   再将切好的苹果片放入其中,浸泡15
   分钟。

④ 将泡好的苹果片整齐地摆在烤盘或烤网
   上,一般一个苹果切出的片至少能摆满2
   个烤盘。

⑤ 烤箱预热100℃,上下火,再将烤盘或烤
   网放入烤箱,上下火烤2小时左右,直到
   苹果片里的水分充分烤干。

⑥ 烤好并冷却后苹果片会变脆,将其从烤
   盘或烤网里取下,若不立即食用,请放密
   封盒里保存。

小贴士

* 苹果片切得越薄,烘干时间越短,口感越好。
* 将苹果片浸泡在柠檬汁里是为了防止其变色。
* 放烤网上的苹果更容易烤干,但烤的过程中苹果
  片会变得扭曲不平整。放烤盘上则一定要铺油布
  或厚油纸,不要铺锡纸、薄油纸,否则烤干后取不
  下来。

扫一扫，看教程

黑芝麻香蕉牛奶

快手浓郁时尚美

INGREDIENTS 材料

香蕉	1根
纯牛奶	250毫升
黑芝麻	少许
黑芝麻酱	1勺

COOKING STEPS 步骤

---

① 将香蕉去皮后,切成小段。

② 将香蕉段放入大杯中,加入250毫升纯牛奶。

③ 放入1勺黑芝麻酱,然后用搅拌棒打成浓汁。

④ 将浓汁用杯盛出,撒上黑芝麻后即大功告成,配上点心,马上开启一段美好的下午茶时光。

小贴士

* 如果黑芝麻酱不甜,可加少许蜂蜜。
* 如果喜欢浓芝麻味,可以多加些芝麻酱,食材的量也可以适量调整。
* 天气较热时,可以把香蕉先冷藏了再做,这样会很爽口。
* 天气冷时,可以把牛奶温一下再做,这样喝起来很暖心。

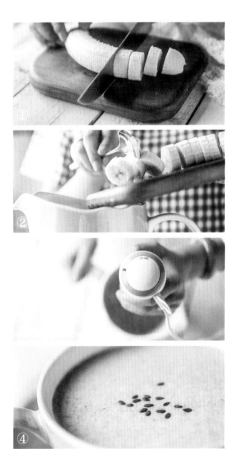

外酥内柔新吃法

山中之药,却常入菜

食中之药,却又质地细嫩,微甘软糯

自古以来,山药一直被视为物美价廉的补品

蒸、煮、炒、炖,各式各样的菜谱,让山药不断走上餐桌

让每个人都保持着新鲜感,逐一品尝它,料理它

扫一扫,看教程

香酥山药

外酥内柔新吃法

INGREDIENTS 材料

—

食盐	适量	食用油	适量
山药	1根	干淀粉	适量
鸡蛋	1个	胡椒粉	适量
鸡精	适量	蕃茄酱	适量
面包糠	适量		

COOKING STEPS 步骤

—

① 山药洗净切段, 去皮后切成方形条状放入锅中隔水大火蒸熟。

② 将适量胡椒粉、食盐和压碎的鸡精混合, 倒入干淀粉中搅拌均匀。

③ 将鸡蛋打入碗中, 搅拌均匀。

④ 将蒸好的山药放凉后扑上薄薄的一层拌匀的干淀粉, 再将其放入蛋液里蘸一下, 最后裹上面包糠。

⑤ 锅内倒入食用油烧至七成热后改中小火, 逐一放入山药条进行油炸。山药条炸至金黄后捞出控油就可以食用啦。如果搭配番茄酱和柠檬茶会更棒哦。

小贴士

* 山药去皮前先在热水里泡10分钟, 这样切的时候黏液会少些。

* 山药去皮时戴上手套, 可以防痒。

扫一扫,看教程

秘制梨汁鸡翅

梨香沁人入鸡翅

INGREDIENTS 材料

—

梨	1个	食盐	少许
面粉	适量	甜辣酱	适量
洋葱	半个	花生碎	少许
鸡翅中	6个	葱姜蒜粉	适量
食用油	适量		

COOKING STEPS 步骤

—

① 将梨去皮并切块,然后打碎、过滤掉杂质,得到梨汁。

② 将鸡翅中划上花刀,淋上适量梨汁搅拌,腌制6小时。

③ 取适量面粉,加入食盐和葱姜蒜粉并拌匀。

④ 在腌好的鸡翅中上均匀裹上一层调好的混合粉末。

⑤ 将洋葱切碎,在锅内放入食用油,加热至八成熟,随后倒入洋葱碎,炸至洋葱起皱,颜色微黄,油色呈浅黄色即可。

⑥ 将准备好的甜辣酱,用少量梨汁调开。

⑦ 在锅内放入洋葱油,小火将鸡翅中煎至两面金黄,边煎边反复刷甜辣酱,直至煎熟,最后撒上花生碎点缀即大功告成。

番茄鸡肉浓情饭

满满爱情一碗饭

INGREDIENTS 材料

土豆	1个	清水	适量
番茄	2个	黄油	小块
青椒	半个	鸡胸肉	150克
红椒	半个	胡萝卜	半根
生粉	1勺	番茄酱	1勺
酱油	1小勺	黑胡椒粉	适量
洋葱	半个	马苏里拉芝士碎	适量
鸡精	适量	米饭	1大碗
食盐	适量		

COOKING STEPS 步骤

---

① 将鸡胸肉切丁,加入1勺生粉和适量黑胡椒粉拌匀,腌制15分钟。

② 将土豆去皮,和胡萝卜、番茄一同切成丁,再将洋葱、红椒和青椒切丝备用。

③ 在锅中放入适量黄油,待烧热后放入洋葱翻炒至出香味。

④ 加入腌制好的鸡肉,待鸡肉颜色泛白时先加入土豆丁和胡萝卜丁,再加入番茄丁翻炒,等番茄丁变软后加入适量清水、1勺番茄酱、1小勺酱油盖上锅盖焖至土豆丁和胡萝卜丁绵软,汤汁浓稠,最后加入食盐和鸡精即可。

⑤ 在烤碗中加入1大碗米饭并铺平,放上煮好的番茄鸡肉并浇上汁。

⑥ 再铺上青红椒丝和一层芝士碎。

⑦ 上下火将烤箱预热200℃,烤15分钟即可。

好吃到要飞起来

阳光灿烂的春日

不只有美丽的蝴蝶和花

还有美味的蝴蝶虾

酥脆的口感

加上爆表的颜值

绝对是悠闲春日里的必备点心

蝴蝶虾

好吃到要飞起来

INGREDIENTS 材料

鲜虾	6只
鸡蛋	2个
食盐	适量
料酒	适量
面包糠	适量
干淀粉	适量
胡椒粉	适量
食用油	适量

COOKING STEPS 步骤

① 将鲜虾清洗干净,然后将虾头和虾壳去掉,保留虾肉和虾尾。

② 将刀尖插入虾背第二节处,沿虾背中线切开至最后一节再挑去虾线。

③ 把虾的背部分摊开,虾尾向下往内从中间的开口处穿入,如图整理成蝴蝶状。

④ 鸡蛋分离出蛋清。整理后的虾用食盐、胡椒粉、料酒腌制5分钟,加入干淀粉、蛋清并充分拌匀。

⑤ 将腌好的虾裹上面包糠,放入热油中炸至金黄色捞出,装盘,就可以享用了。

小贴士

* 虾很容易熟,炸的时候用中火,炸至虾尾变红就可捞出,炸久了口感会变老。

* 炸好的虾鲜嫩酥脆,可以根据喜好蘸上甜辣酱食用。

扫一扫,看教程

巧克力燕麦曲奇杯

一杯子与一辈子

INGREDIENTS 材料

鸡蛋	30克	细砂糖	20克
黄油	60克	燕麦片	30克
黑糖/红糖	25克	低筋面粉	135克
黑巧克力	75克	花生碎	少许

COOKING STEPS 步骤

① 将黄油室温软化,加入红糖和细砂糖,用打蛋器搅拌均匀。

② 将鸡蛋打散,黄油均分为2份并先后加入鸡蛋液中,再搅拌均匀,得到混合物A。

③ 将低筋面粉分两次先后加入混合物A中拌匀。

④ 将黑巧克力30克切碎和燕麦片一同加入混合物A,用刮刀拌匀,得到混合物B。

⑤ 用刷子蘸取少许软化的黄油在杯子内部薄薄刷一层。

⑥ 将杯子作为模具,用混合物B捏出杯子的形状,底部注意加强按压,否则易因为偏厚导致烘烤时膨胀鼓起。

⑦ 将装好的杯子放入烤箱中层,上下火180℃烤20分钟。

⑧ 烤好拿出稍微冷却后,轻轻扣出整个杯子。隔水融化35克黑巧克力后用刷子均匀刷在曲奇杯内壁,再在杯口处蘸少许花生碎。最后放冰箱冷冻20分钟或冷藏至黑巧克力凝结,就完成了,赶紧享用吧。

扫一扫,看教程

百变吐司

创意无限大变身

INGREDIENTS 材料

—

白吐司	3片
芒果	1个
蓝莓	2颗
鸡蛋	1个
胡椒粉	适量
碧根果	适量
杏仁片	适量
草莓果酱	适量

COOKING STEPS 步骤

—

① 用刀将白吐司四边切掉,再沿中线对
半切开,切好的白吐司备用。

② 鸡蛋煮熟后去壳,切成片,放在白吐司
上,再撒上胡椒粉。

③ 还可以这样做:碧根果去皮切碎,放到
切好的白吐司上。

④ 还可以这样做:将草莓果酱抹在白吐司
上,然后撒上杏仁片。

⑤ 还可以这样做:芒果去皮,切成丝,放到
白吐司上,再摆上蓝莓点缀一下。

爱与甜蜜裹起来

如果我喜欢你

就愿意把冰激凌的第一口喂给你

或者亲手为你做一朵玫瑰花

扫一扫,看教程

苹果玫瑰酥

爱 与 甜 蜜 裹 起 来

INGREDIENTS 材料

—

苹果	2个
糖粉	适量
清水	适量
印度飞饼	2张

COOKING STEPS 步骤

—

① 将苹果对半切,去掉核并切成薄片。

② 在锅中倒入清水,放入糖粉,再将苹果
薄片放入锅中煮至变软,然后沥水捞
出,糖水备用。

③ 提前将印度飞饼从冰箱中拿出解冻,并
切成宽约1.5厘米的条状。

④ 在印度飞饼上摆上苹果片,然后在苹果
片上刷煮苹果的糖水。

⑤ 将放上苹果片的飞饼顺着一个方向卷起
来,在最后收尾的时候留一点空白的飞
饼用来捏紧,然后放入烤箱,170℃烘烤
20分钟。

⑥ 烤好后拿出来,撒上糖粉,然后赶紧和你
亲爱的一起趁热享用吧。

小贴士
* 糖水可以直接用糖浆来替代。

夏

夏 的 凉 爽 和 风

夏日消暑人人爱

如果说炽热的阳光、流下的汗水
和转动的空调机是夏天的踪迹
那黄色的果肉,透明的西米
和清新而恬静的薄荷
则是芒果西米露的标记
一碗清爽干净的芒果西米露
变成了一个人对夏天的回忆

扫一扫,看教程

芒果西米露

夏日消暑人人爱

INGREDIENTS 材料

—

芒果	1个
西米	适量
蜂蜜	适量
清水	适量
牛奶或椰浆	适量

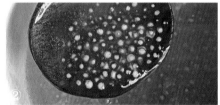

COOKING STEPS 步骤

—

① 锅里放清水烧开（可多放一点），然后放入西米。

② 保持大火煮15分钟，注意不断搅拌西米防止粘锅，直到西米只有一点白芯未变透明的时候关火盖上盖子再焖一下，直到西米完全透明。

③ 捞起完全透明的西米过凉水，这样西米的口感会Q弹，很好吃。

④ 芒果剥开，在果肉上划十字刀，手指轻轻顶着果皮，用水果刀把果肉划到碗里。

⑤ 西米放入小碗中，放入牛奶或椰浆，再放入蜂蜜搅拌均匀，然后放上芒果粒，就可以开吃了。

小贴士

* 牛奶或椰浆可以提前冰镇一下，风味更佳。
* 西米完全变透明了就捞起过凉水，会使西米的口感变得很Q弹。

扫一扫,看教程

沁爽杨枝甘露

超经典港式甜品

INGREDIENTS 材料

芒果	3个
西米	100克
西柚	半个
椰汁	245毫升
清水	适量
白砂糖	20克
淡奶油	少许

COOKING STEPS 步骤

① 将芒果去皮切丁后，取2个半芒果的果
   肉混合椰汁、白砂糖，搅拌成芒果浆
   后放入冰箱冷藏备用。

② 锅中放清水煮沸，放入西米煮1分钟，
   再盖盖子关火焖20分钟后，取出过凉
   水备用。

③ 在焖西米的时候将西柚剥成丝，放入冰
   箱冷藏备用。

④ 另起一锅加清水煮沸，放入准备好的西
   米，再煮6分钟，直至西米透明，再盛出
   过凉水。

⑤ 最后将西米和芒果浆混合，淋上淡奶油，
   再加芒果丁和西柚丝即可享用。

粽香糯米骨

热闹端午粽香飘

INGREDIENTS 材料

糯米	150克
粽叶	12张
淀粉	适量
生抽	适量
料酒	适量
清水	适量
食盐	适量
猪排骨	1大根
十三香	适量

COOKING STEPS 步骤

① 将猪排骨斩成约3厘米长的段,洗净沥干,加入适量食盐盐、淀粉、生抽、料酒、十三香,拌匀后放入冰箱冷藏3小时以上。

② 将糯米淘洗干净后用清水浸泡约3小时,泡好后捞出并沥干水。

③ 将新鲜粽叶放入清水中洗净,剪去头尾,待用,取一片粽叶撕成细条用于捆绑。

④ 取1勺糯米铺在粽叶的一端,放上腌制好的排骨,再撒上糯米,将其卷成卷,最后用细条系好。

⑤ 将卷好的糯米骨放入加水的蒸锅中盖上锅盖,大火上汽后转中火蒸50分钟即可。

跟着味道去旅行

就像观察斗转星移
了解一个国家,是一件极其有趣的事
需要琐碎的时间来体会她的与众不同
原来她的大海总是天蓝带紫的
原来她们说的话总要拖着尾音
原来她们做菜总是喜欢带点甜
在美味餐桌上,认识真正的你
真是让我越来越喜欢

芒果糯米饭

跟着味道去旅行

INGREDIENTS 材料

食盐	适量	糯米	15克
芒果	1个	椰浆	200毫升
白砂糖	15毫升	黑芝麻	少量

COOKING STEPS 步骤

---

① 糯米提前浸泡一夜,以增加黏性,让口感更佳。将椰浆放入锅中,加入白砂糖和食盐加热至融化。取170毫升椰浆倒入泡好的糯米中,再将其放入电饭锅,开启煮饭模式。

② 将芒果去皮,然后切下果肉并切片备用。

③ 饭煮好后用饭勺拌松,装盘之前将糯米饭盛入碗中,然后倒扣在盘子里。

④ 摆上切好的芒果,将30毫升椰浆淋在上面,最后再撒上一点黑芝麻,就可以开始享用了。

小贴士

* 建议用减脂椰浆,用全脂椰浆做会有些腻。
* 这里用的是普通糯米,讲究点的话,可以用泰国糯米,但其实用本地食材会更方便,2/3的糯米搭配1/3的泰国香米,也可以得到不错的口感。

水果优格雪糕

水果优格大派对

INGREDIENTS 材料

—

柠檬汁	适量	蜂蜜	适量
酸奶	适量	新鲜水果	适量
燕麦	适量		

COOKING STEPS 步骤

—

① 新鲜水果去皮切小丁或薄片,加入少许柠檬汁和蜂蜜搅拌均匀,腌制10分钟,得到水果混合物。

② 在燕麦中加入2勺酸奶,搅拌均匀,得到燕麦混合物。

③ 在酸奶中加入蜂蜜拌匀,得到酸奶混合物。

④ 分别按2勺酸奶混合物、1勺水果混合物、1勺燕麦混合物的顺序将其添加在冰激凌模具中,直至快填满。

⑤ 在混合物上方浇少许酸奶,撒上干燕麦。再插入木棒,冷冻至少6小时以上,直至冷冻成型。

⑥ 冻好的雪糕拿出来,用温开水在模具外烫几秒,即可取出。

扫一扫,看教程

鲨鱼西瓜雕

"鲨"气腾腾水果汇

INGREDIENTS 材料

西瓜	1个
紫葡萄	适量
时令水果	适量

COOKING STEPS 步骤

---

① 用刀削去西瓜底部的一层瓜皮做底，再用刀切下一部分西瓜,用来作为鲨鱼嘴。

② 切去开口处的绿皮，留下白色的西瓜瓤,再掏出西瓜果肉，切出牙齿。

③ 在西瓜侧面挖出两个孔，插入紫葡萄当眼睛。

④ 将之前切下的那部分西瓜,去瓤将皮切成三角,插入西瓜背面当鳍。

⑤ 将准备的时令水果放入鲨鱼嘴中，就大功告成啦。

小贴士

* 最好选用带有花纹的西瓜,这样成品效果会更好。

* 在切之前,可以先用笔标出位置再下手,成功率会更高。

腔调十足自然美

夏天的我,似乎对柠檬总有种特别的记忆

说她是水果,却不能直接大快朵颐

当她是香料,却不宜涂抹熏焚

别人都靠甜味取胜,她却喜欢别出心裁,出奇制胜

炎炎夏日里,一颗柠檬茶

用酸甜冰爽的口感,解锁一夏的清凉

一颗柠檬茶

腔调十足自然美

INGREDIENTS 材料

柠檬	1个
冰块	适量
蜂蜜或冰糖	适量
红茶包	适量

COOKING STEPS 步骤

① 烧一壶开水,将红茶包放入杯中,用开水泡好备用。

② 在柠檬的一侧划刀,但是每一刀都不要切断,可切得紧凑一点,方便挤出柠檬汁。

③ 拿出茶包,将柠檬汁挤到杯子中。

④ 将蜂蜜或冰糖加入泡好的红茶中,搅拌均匀。

⑤ 在杯中加入冰块,放入整个柠檬,泡上1分钟左右,就可以享用了。

小贴士

* 柠檬虽好,但是胃寒气弱、腹胀不适以及因虚寒引起呼吸不畅、痰多的人都不宜食用。正处于伤风感冒、有咳嗽发烧的人,也不宜食用柠檬制品。

扫一扫,看教程

红糖水凉粉

凉滑爽口似水晶

INGREDIENTS 材料

凉粉	25克
红糖	40克
清水	适量
沸水	600毫升
凉开水	100毫升
糖桂花	少许

COOKING STEPS 步骤

① 将凉粉用凉开水调匀倒入锅中,再倒入沸水,边倒边搅拌,直至倒完。

② 凉粉水加热烧开,沸腾后再煮2分钟,煮的过程中不断搅拌。

③ 将烧开后的凉粉水,倒入模具中待凝固。

④ 将红糖加少许清水煮至融化后冷藏。

⑤ 将凝固的凉粉划成块状,倒入冷藏过的红糖水,淋上糖桂花。

小贴士

* 没有糖桂花的话可以在红糖水起锅之前加入少许干桂花代替。
* 煮凉粉之前先用少许凉开水拌匀后再加入沸水,这样更容易搅拌均匀。

扫一扫,看教程

香橙冬瓜球

冬瓜抱团香橙浴

INGREDIENTS 材料

—

香橙	1个
冬瓜	250克
薄荷叶	少量

COOKING STEPS 步骤

—

① 用挖球器将冬瓜挖出一个个圆球。

② 将锅里的水烧开,把冬瓜球放入锅中,然后等待水和冬瓜球再次烧开。

③ 将冬瓜捞出过凉水,装碗备用。

④ 橙子去皮切块,再用料理机或挤汁器榨出橙汁。

⑤ 将橙汁倒入装有冬瓜的碗中,以橙汁没过冬瓜球为宜。

⑥ 将上述混合物放入冰箱冷藏1小时,再用薄荷叶点缀一下,就可以享用了。

香酥花生做星球

据说,在距地球1400光年外的天鹅座

有一个新地球

而在桃子小姐的厨房中

也有一个新星系

七彩星星糖,花生酥球星

甜甜糖粉银河系

香酥的美味超乎你的想象

花生酥球

香酥花生做星球

INGREDIENTS 材料

—

鸡蛋	1个	糖粉	35克
黄油	45克	鸡蛋	1个
花生	50克	低筋面粉	65克

COOKING STEPS 步骤

—

① 将花生放入烤箱150℃上下火烘烤。

② 软化黄油加入糖粉,将鸡蛋分离出蛋黄,加入蛋黄,用打蛋器搅拌至体积蓬松即可。

③ 等花生烤熟后取出,去掉花生皮,放入保鲜袋中,用擀面杖碾碎。

④ 将低筋面粉过筛后加入到打发的黄油里,然后用橡皮刮刀继续搅拌均匀,使其变成面糊状。

⑤ 将碾好的花生碎倒入面糊里,用手揉匀成面团状。再把面团揉成一个个小圆球并用手稍微压扁,摆在垫好锡纸的烤盘上。

⑥ 烤箱上下火预热至175℃,同时在小圆球上刷一层生蛋黄再放入烤箱烘烤10分钟,直到小圆球表面金黄就可以出炉了。

小贴士

- 分离蛋黄和蛋清时可以用一只碗接住蛋白,将蛋黄在两个蛋壳之间来回倒,一两次就可以分离开来。
- 用糖粉会比用白砂糖口感更细腻,也更容易打发。

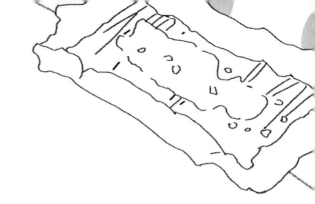

秋 的 时 光 滋 味

9787571001964

润肺滋养自带碗

民间素有"一伏一条鱼,一九一个梨"之说
一碗冰糖雪梨,滋阴润肺,把我和尘埃分开
让世间的美好,自然而然

冰糖雪梨

润肺滋养自带碗

INGREDIENTS 材料

—

雪梨	1个
冰糖	适量
枸杞	适量

COOKING STEPS 步骤

—

① 将雪梨去掉皮,再沿上部三分之一处
   削开,形成顶盖。

② 把雪梨的核挖掉,填上冰糖、枸杞,盖
   上雪梨顶盖。

③ 小火蒸1小时左右即可,请趁热享用。

小贴士

＊ 如加入少量川贝粉,可润肺止咳,是一道非常好的
  食疗药膳。

扫一扫,看教程

红酒炖啤梨

浪漫精致美滋滋

INGREDIENT 材料

红酒	200毫升
肉桂	1根
柠檬	1/2个
红啤梨	2个
白砂糖	30克

COOKING STEPS 步骤

---

① 将红啤梨洗干净，轻轻刮去表皮，放入锅中。

② 将红酒倒入锅中，再把柠檬汁直接挤入。

③ 加入白砂糖和肉桂。

④ 小火烧开后炖煮10分钟即可。

小贴士

- 煮好的啤梨即可食用或放凉后同红酒汁一起放入冰箱冷藏4~6小时后食用。
- 给啤梨去皮时，不要切掉蒂哦。
- 红酒的品质对这道食谱的影响并不大，用普通红酒就可以了。

扫一扫，看教程

菊花茄子

巧用茄子赏菊花

INGREDIENTS 材料

—

蒜	2瓣
香醋	1勺半
剁椒酱	适量
长茄子	1根
食用油	适量

COOKING STEPS 步骤

—

① 洗净长茄子,切掉头尾（不用去皮）,然后竖立放稳,垫上筷子,从上到下切十字刀,切到碰到筷子即可,不要切断。

② 切好的茄子放入蒸锅中,盖上锅盖,上汽后,大火蒸5分钟后再转小火3分钟。

③ 茄子蒸好后会呈盛开的花朵状,将其取出,取1勺剁椒酱放在茄子花的花芯位置。

④ 将蒜剁成碎末,将蒜末码在剁椒酱上并淋上香醋。

⑤ 另起锅放入适量食用油烧至冒烟,趁热淋在蒜末上,大功告成。

元气满满增活力

午夜里正在充电的手机
夜幕中静静等待的世界
还有床上猫咪一样睡姿的你
默默等待这一个晚安之后的早安
一份元气满满的火腿千层酥
让美好的一天，从此开始

千层火腿酥卷

元气满满增活力

INGREDIENTS 材料

鸡蛋	1个
火腿肠	2根
飞饼皮	3张
白芝麻	适量

COOKING STEPS 步骤

---

① 提前一个晚上将冷冻的飞饼皮放至冷藏室解冻,制作时取出,将一张饼皮对半切。

② 将准备好的火腿肠,每根均匀切成三段。

③ 取切好的半张饼皮,包裹一段火腿肠,卷好,将多余部分轻轻捏紧。

④ 打散鸡蛋,将蛋液刷在小卷上。

⑤ 在小卷上均匀撒上白芝麻,准备放入烤箱。

⑥ 烤箱调至200℃,预热5分钟后,放入小卷,上下火烘烤20分钟左右即可。

小贴士

* 飞饼皮要提前4小时左右解冻,可提前一晚拿到冷藏室解冻,这样早上就可直接可以用了。
* 卷起的飞饼皮不要压太紧,轻轻卷起即可。
* 千层火腿酥卷搭配牛奶和果汁都是不错的选择。

扫一扫,看教程

紫薯银耳羹

软糯香甜梦幻紫

INGREDIENTS 材料

—

紫薯	3个
干银耳	1朵
冰糖	适量
葡萄干	适量

COOKING STEPS 步骤

—

① 将干银耳掰成小块，放在温水中浸泡1小时左右，紫薯洗净去皮。

② 泡好的银耳撕成小朵，紫薯切成丁状，葡萄干洗净备用。

③ 将银耳放到锅中，大火煮至沸腾。

④ 放入紫薯丁、冰糖和葡萄干。

⑤ 大火再次煮开，转小火熬煮10分钟。待紫薯银耳羹黏稠即可关火。

⑥ 趁热食用或待自然冷却后再食用皆可。

小贴士

● 睡前可将银耳提前放在温水中浸泡一晚，早上起来放锅中煮开，可大大加快制作速度哦。

扫一扫,看教程

奶香玉米汁

健康营养喝出来

INGREDIENTS 材料

—

清水	300克
牛奶	50毫升
甜玉米	1根
白砂糖	10克

COOKING STEPS 步骤

—

① 将甜玉米粒剥下来盛好,用清水冲洗干净。

② 将玉米粒、清水和白砂糖一起放入锅中,开大火。

③ 大火烧开后转中火10分钟左右至煮熟。

④ 加入牛奶,用搅拌器(或搅拌机)打碎。

⑤ 用滤网过滤掉玉米渣,留下玉米汁,配上小面包,就是一个美好的早餐时光。

小贴士

● 玉米一定要煮熟,榨出来的汁才会浓稠。

● 煮的过程中要不断搅拌,以免糊锅。

台风下的老经典

曾经避风避浪的港湾
有一群捕鱼的好手
用独特的烹饪手法
经营出特色的地方味道

扫一扫，看教程

避风塘炒虾

台风下的老经典

INGREDIENTS 材料

—

葱	2根	基围虾	15只
姜	6片	胡椒粉	少许
蒜	6瓣	白砂糖	少许
料酒	一大勺	面包糠	150克
食盐	适量	食用油	适量
淀粉	适量		

COOKING STEPS 步骤

—

① 将基围虾洗净后剪去虾须、虾枪,挑出沙包、虾线。

② 葱切成小段,姜去皮切片,再将少许盐、胡椒粉和料酒加入虾中,搅拌均匀后腌制15分钟。

③ 在锅中放食用油烧至六成热后,将虾拍上一层薄薄的淀粉放入油中炸至变色后捞出。

④ 再次将油烧至八成后,将虾回锅复炸后捞出沥干油。

⑤ 将蒜切蓉,锅内倒入少许刚炸虾用的虾油将蒜末炒香。

⑥ 倒入面包糠炒至金黄,再加入炸好的虾翻炒。最后加入少许白砂糖和食盐调味起锅,撒上少许葱段即可。

扫一扫,看教程

锡纸金针菇

烧烤摊的招牌菜

INGREDIENTS 材料

—

葱	1小撮	食用油	1勺
蒜	5瓣	小米椒	4个
酱油	1勺	金针菇	1把
蚝油	1勺		

COOKING STEPS 步骤

—

① 将金针菇去根洗净，蒜切末，葱和小米椒切成小段。

② 在小碗中放入准备好的蒜末、蚝油、酱油、食用油并搅拌均匀。

③ 取一段锡纸，将锡纸制作成带盖的盒子形状，用来盛放食材。

④ 将金针菇放入锡纸制成的盒子中，再淋上调好的酱汁。

⑤ 烤箱预热后，调至200℃用上下火烘烤20分钟，直至烤熟。

⑥ 取出烤好的金针菇，用刀划开锡纸，稍微晾凉些，就可以开始享用了。

扫一扫,看教程

南瓜藜麦盅

营养黄金人人夸

INGREDIENTS 材料

食盐	少许	藜麦	半杯
洋葱	小半个	小南瓜	2个
蘑菇	1把	橄榄油	适量
西芹	1段	黑胡椒	适量

COOKING STEPS 步骤

---

① 小南瓜洗净,将顶部切成盖子并挖出南瓜籽,再将橄榄油、少许盐、少许黑胡椒混合后,涂抹在挖空的南瓜里。

② 涂抹完成后,在小南瓜中再倒入些许橄榄油,然后盖上南瓜盖子并用锡纸包好。

③ 将烤箱预热170°C,放入锡纸包好的小南瓜上下火烘烤40分钟,直至小南瓜熟软后取出并挖出南瓜肉。

④ 藜麦洗净放入锅中并加入1.5倍藜麦的水,煮上15分钟,直至藜麦半透明,熟软。

⑤ 取洋葱、蘑菇、西芹切丁,然后在锅中放入橄榄油、洋葱丁,待炒至透明后加入蘑菇丁、南瓜肉、藜麦、西芹丁、食盐、黑胡椒翻炒至熟。

⑥ 最后再将炒好的藜麦饭放入南瓜盅并盖上盖子,包上锡纸送入烤箱,170°C烤15分钟即可。

柔软温暖小太阳

阴天,或雨天

凌晨,或夜晚

伤心,或失意

都可以用柔软温暖的小太阳

温暖你的心

扫一扫，看教程

火烧云吐司

柔软温暖小太阳

INGREDIENTS 材料

—

鸡蛋	1个
吐司	1片
白砂糖	4克
沙拉酱	少许

COOKING STEPS 步骤

—

① 在吐司上均匀抹上沙拉酱。

② 将鸡蛋的蛋黄和蛋清分离。

③ 蛋清中加入白砂糖,打至硬性发泡。

④ 将发泡的蛋清挖放在吐司表面,用勺子
反复压,整形。

⑤ 用勺子背在中心处压一个凹陷,在凹陷
处放入蛋黄。

⑥ 将烤箱预热后,140℃上下火,烘烤15
分钟。

小贴士

* 吐司上除了沙拉酱,还可以放芝士片,或者其他酱。
* 不喜欢甜的,蛋清中可以不加白砂糖,不影响打发。
* 沙拉酱也可换成葡萄干或其他口味以增添味道。

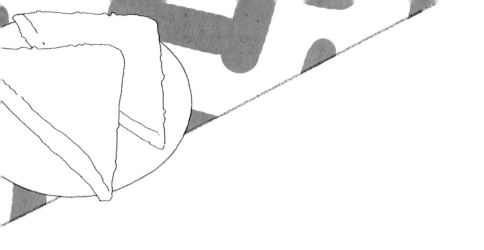

冬

冬 的 暖 胃 暖 心

就是黄得不一样

冬日的午后
一只猫,一杯奶,一首歌
一份香芒芝士西多士
我在自己的阳光下享受着温馨的下午茶时光

扫一扫,看教程

香芒芝士西多士

就是黄得不一样

INGREDIENTS 材料

吐司	4片
芒果	2个
鸡蛋	2个
芝士	2片
食用油	适量

COOKING STEPS 步骤

---

① 将吐司四边切掉备用。

② 取芒果对半切，划十字刀取出果肉，再将芒果肉块放入搅拌机中打成芒果泥。

③ 在切好的吐司上抹上芒果泥，盖上芝士片及另一片吐司后备用。

④ 将鸡蛋打散，制成蛋液，再将夹好了芝士的吐司放入蛋液中，让其表面沾满蛋液。

⑤ 准备好的吐司放入油锅中，将两面都煎熟即可。

小贴士

* 做好的香芒芝士西多士，趁热吃口感最佳。
* 如果觉得芒果打成泥很麻烦，把芒果切成小块也是可以的。

扫一扫,看教程

星愿福袋

心想事成福运来

INGREDIENTS 材料

鸡蛋	1个	蒜末	适量
香菇	1个	豆腐皮	6张
韭菜	1小把	鸡胸肉	1块
生抽	适量	胡萝卜	1根
姜末	适量	浓汤宝（鸡汁味）	1个
食盐	适量		

COOKING STEPS 步骤

---

① 取6张豆腐皮切成四方形, 备用。

② 将鸡胸肉洗净后切成大块, 放入食物料理机, 同时加入姜末、蒜末、1汤匙生抽, 打成鸡蓉, 盛出后再加入切碎的香菇、鸡蛋、1汤匙生抽、适量食盐, 将以上食材搅拌成鸡蓉馅, 备用。

③ 把胡萝卜切成厚度不到1厘米的片, 刻出花形。再从侧面切一刀, 但不要切到底。然后起锅烧水, 烧开后将洗净的韭菜放入, 焯水两三秒钟立即捞出备用。

④ 在豆腐皮中放好馅料, 拎起豆腐皮四边包拢, 用焯软的韭菜在收口处系好并卡上胡萝卜花。这样福袋就完成了, 再按此方式包出其他的福袋。

⑤ 在水中加入浓汤宝, 再把包好的福袋放入汤中。大火煮开后, 改中火再煮10分钟, 用适量食盐调一下汤的咸淡, 即可出锅。

扫一扫,看教程

芝麻烤香蕉

软糯香甜能量棒

INGREDIENTS 材料

—

香蕉	3根
芝麻	适量
清水	适量

COOKING STEPS 步骤

—

① 取3根香蕉放入烤盘,在盘中加入1/4高的清水。

② 烤箱预热200°C,将准备好的烤盘放入,上下火烘烤20分钟。

③ 烘烤完成后,拿出香蕉,剥皮后撒上芝麻就大功告成,趁热食用吧。

腊味十足锅巴脆

改变不了寒冷的气候
但至少可以改变对待严寒的心情
一碗腊味煲仔饭
让冬日暖暖如夏

扫一扫，看教程

腊味煲仔饭

腊味十足锅巴脆

INGREDIENTS 材料

—

姜	适量	香油	少许
大米	1碗	凉开水	1勺
鸡蛋	1个	小油菜	小把
蚝油	1勺	食用油	适量
生抽	1勺	广式腊肠	1根
清水	适量		

COOKING STEPS 步骤

—

① 选用合适的砂锅,在锅底薄薄地刷上一层食用油。大米洗净放入砂锅,倒入清水,米和水的比例在1:1.5左右,浸泡1小时。

② 浸泡好的大米,加入半勺食用油拌匀,然后开大火煮,煮至开后马上转小火,盖上盖子继续焖煮,将米饭煮至八成熟。

③ 将广式腊肠切片,姜切丝,砂锅中水分快干时,将切好的腊肠和姜丝铺在米饭上,打上鸡蛋,盖盖子小火煮5分钟后关火,然后不打开盖子,用余温继续焖15分钟。

④ 将洗净的小油菜放入开水中烫煮(可在水中放入少许食盐,几滴食用油)后捞出沥干水分。

⑤ 做调味汁,将蚝油、凉开水、生抽、香油混合在一起放入,并搅拌均匀。

⑥ 将小油菜放入焖好的米饭中,浇上调味汁,大功告成。

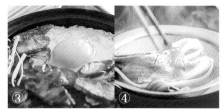

扫一扫,看教程

肉骨茶汤

鲜美浓郁超滋养

INGREDIENTS 材料

—

老抽	2小勺	干香菇	20朵
生抽	2小勺	猪排骨	2大根
大蒜	1颗	肉骨茶料包	1包
食盐	适量		

COOKING STEPS 步骤

—

① 先把准备好的猪排骨焯水洗净。

② 干香菇泡发，去蒂洗净，挤去水分待用。

③ 砂锅加水，放入肉骨茶料包，煮20分钟。

④ 放入猪排骨，加1勺老抽，1勺生抽，再放入1颗蒜，转小火，盖上盖子炖1小时。

⑤ 加入泡发好的香菇，继续炖30分钟。

⑥ 最后加入适量食盐，再连汤汁一起出锅。

小贴士

* 肉骨茶料包建议在市场上买现成的。
* 最好是用瓦煲或砂锅来炖，火力小，慢炖出来的汤和肉都很香。
* 用干香菇泡发，这样香味浓，新鲜香菇不太适合炖肉，因为水分太大会影响肉和汤的口感。

扫一扫,看教程

风味虾扯蛋

创意揉进风味里

INGREDIENTS 材料

—

清水	85克	泡打粉	1.5克
鲜虾	12只	海苔粉	适量
澄粉	8克	沙拉酱	适量
食用油	适量	低筋面粉	50克
鹌鹑蛋	12个		

COOKING STEPS 步骤

—

① 取低筋面粉、泡打粉、澄粉混合,加入清水搅拌成无颗粒状的面糊,放置半小时。

② 将鲜虾去壳、挑虾线并准备好鹌鹑蛋。

③ 把章鱼小丸子模具加热并刷上适量食用油,在模具中倒入面糊且不高于容积的三分之一。

④ 模具中放入鲜虾并让虾尾露出。

⑤ 在模具中打入鹌鹑蛋并保持小火,直至蛋液凝固后出锅。

⑥ 撒上海苔粉,配上沙拉酱,就可以趁热吃啦。

小贴士

* 鲜虾建议买小一点,这样做出来比较好看。如果买到较大的虾可以切成两段来用。

* 倒入面糊时,面糊高度不要超过模具的三分之一,以免加蛋的时候,蛋液溢出模具。

饺子皮也玩花样

家中剩下的饺子皮
结果变成了新生活的启动式
做着不一样事情的自己
与以往截然不同的料理
突然让我好喜欢

芝士脆片

饺子皮也玩花样

INGREDIENTS 材料

食盐	适量
饺子皮	适量
橄榄油	适量
芝士粉	适量
胡椒粉	适量
即食海苔	适量

COOKING STEPS 步骤

① 将超市买的即食海苔取出,切成小片备用。

② 烤盘上垫上油纸,放上饺子皮,皮与皮之间需要留一定空隙,再抹上一层橄榄油。

③ 撒上海苔片和芝士粉。

④ 将烤箱预热250℃,饺子皮放入烤箱中,烤至金黄为止,一般5分钟左右。

⑤ 趁热取出,撒上适量食盐和胡椒粉即可。

小贴士

＊ 海苔也可以用罗勒替代,香味和口感也会不同。

＊ 根据烤箱的不同,烘焙时间也会不一样,所以最好不要走远了,以免烤糊。

扫一扫,看教程

手煮奶茶
牛奶和茶好味道

INGREDIENTS 材料

正山小种红茶茶叶 ———— 适量
鲜牛奶 ———— 2杯
白砂糖 ———— 适量

COOKING STEPS 步骤

① 在无水锅中放入白砂糖,慢慢加热直至糖变成琥珀色。

② 先倒入鲜牛奶,然后撒入正山小种红茶茶叶。

③ 煮的同时,用木棒上下不停碾压茶叶,让茶叶的味道散发出来。

④ 煮至奶茶的颜色不再变化,就差不多了,但如果喜欢茶味较重,可以多煮一些时间。

⑤ 锅离火,用漏勺接住茶叶,把奶茶倒入茶壶中,稍晾凉就可以饮用了。

扫一扫，看教程

岩烧乳酪

香味四溢爱不停

INGREDIENTS 材料

吐司	4片	杏仁片	少许
芝士	4片	淡奶油	75克
牛奶	80毫升	无盐黄油	45克
白砂糖	65克		

COOKING STEPS 步骤

---

① 将芝士片、牛奶和白砂糖隔水加热直到芝士片全部融化。

② 再加入淡奶油和无盐黄油搅拌均匀直到黄油彻底融化,成为乳酪浆。

③ 将吐司放在烤盘的油纸上,趁热将乳酪浆浇在吐司上。

④ 撒上杏仁片,放进烤箱上火210℃,烤七八分钟。

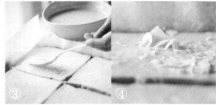

⑤ 当吐司表面变成金黄色后,拿出即可。

小贴士

* 喜欢酥脆口感的朋友不需要涂抹乳酪浆在吐司边上,喜欢柔软一点口感的,则可以都涂上。

驱寒可口不怕冷

冬天再冷,冻不住宽阔的街道

冻不住明亮的天空

更冻不住我的热情

为你煮一杯温热的姜茶

温暖你的手,你的心

和那有我的世界

扫一扫, 看教程

柠檬姜汁可乐

驱寒可口不怕冷

INGREDIENTS 材料

姜	适量
柠檬	1颗
可乐	1罐

COOKING STEPS 步骤

① 将姜洗净后切片。

② 柠檬洗净后切成薄片。

③ 将可乐和姜片倒入小锅。

④ 烧开后再煮上5分钟。

⑤ 放入1片柠檬,再煮上1分钟即可。

小贴士

● 最好用黄姜,因为其姜味比较重,白姜水分太多味淡。

● 百事可乐较甜一些,若想甜味淡一点,可选可口可乐。

图书在版编目（CIP）数据

好姑娘下厨房 / 郭婧著. -- 长沙 ：湖南科学技术出版社，2019.9
ISBN 978-7-5710-0196-4

Ⅰ．①好… Ⅱ．①郭… Ⅲ．①菜谱 Ⅳ．①TS972.12

中国版本图书馆 CIP 数据核字 (2019) 第 096933 号

HAO GUNIANG XIA CHUFANG
好姑娘下厨房
著　　者：郭　婧
责任编辑：李　霞　杨　旻
封面设计：郭　婧
责任设计：刘　谊
出版发行：湖南科学技术出版社
社　　址：长沙市湘雅路 276 号
网　　址：http://www.hnstp.com
湖南科学技术出版社天猫旗舰店网址：
　　　　　http://hnkjcbs.tmall.com
邮购联系：本社直销科 0731-84375808
印　　刷：湖南凌宇纸品有限公司
　　　　　（印装质量问题请直接与本厂联系）
厂　　址：长沙市长沙县黄花镇黄花工业园
邮　　编：410137
版　　次：2019 年 9 月第 1 版
印　　次：2019 年 9 月第 1 次印刷
开　　本：787mm×1092mm　1/16
印　　张：8
字　　数：100000
书　　号：ISBN 978-7-5710-0196-4
定　　价：39.80 元
（版权所有·翻印必究）